# 茶仙子｜品茶语

鲍丽丽 著

上海书画出版社

# 茶仙子印象

何谓仙子? 谓仙界之女子也, 以其在仙界, 故必貌美似花, 气质如兰, 聪慧非凡, 兼有特异功能, 今之俗称, 类 "神仙姐姐" 是也!

古有茶仙者, 即撰写《茶经》的陆羽先生, 但这位生活在盛唐开元年间的凡夫俗子, 因大半生寻茶访农、研茶悟茶, 而开启了后世中国人对茶的认识, 乃至形成了一种看待茶的观念, 被尊称谓 "茶仙", 乃至 "茶圣", 成为不在仙界而有仙界头衔的人。

茶, 何以有如此大的功力, 能让普通人超凡越俗, 脱胎换骨, 进入到一个一切皆为美好的世界?

我初次见到茶仙子, 就有一种惊为天人的感觉, 一身素衣, 衣袂翩跹, 言谈温婉, 举止静雅。三言有茗约, 四围含馥芳。

这位 15 岁开始进入茶世界的女子, 冥冥中仿佛接受了茶的嘱托, 从此开启了注定一生的寻茶真义的 "苦旅"。十余年间俯仰雾云丛林, 体验寒暑熬煎, 寻幽制茶高人, 将茶之菁华淬炼得闻香识叶, 如见故人, 直至上海世博会正式加冕 "茶仙子" 桂冠, 为中国文化代言。这种经历, 与羽仙何其相似? 抑或这本就是她的前世今生?

在静赏茶仙子的茶仪之时，在品尝茶仙子冲泡的一盏盏香茗中，在打开茶仙子收集的坛坛老茶之时，在细数了茶仙子的珠玑文字之后，我开始尝试体会茶仙子的种种经历，并涌起换一种态度重新认识这普通而又不俗的茶的冲动。茶仙子用她的文采笔墨，记载的不是诗词，而是她的茶心，对茶的拳拳深情，想将茶文化的美传播给更多人的赤子之心。

口齿自清历，眉目粲如画，茶仙子说："一碗茶汤，万籁收声天地静。"那么，我们可以一起，因茶仙子的指引，去端详一片纤巧轻盈的茶，去抚摸它袒露素朴的肌理，去觅寻它所有的氤氲清芳，也许，我们不仅获得清润喉舌，滋养肺叶，更能因茶而懂得体会生活，崇敬自然，进而修炼自我，开悟内心，升华境界，静对世界……

古有茶仙陆羽，我们只能在《茶经》中感受其毕生的对茶的崇敬；今有仙子丽丽，天姿灵秀，意气高洁，就在我们身边，正续写着又一代茶人对茶的尊奉。

王立翔

写在《茶仙子系列丛书》出版之际

2017 年 7 月盛夏

# 目 录

茶之美

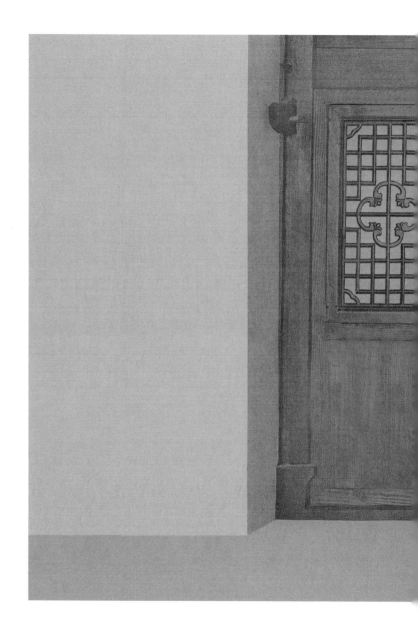

以茗邀约
闹市垂帘
以求雅饮
焚香礼茶抚琴清谈

与茶之人和也
经茶之礼正也
寻茶之源清也
悟茶之韵雅也

看一杯茶
看云山万里
看乾坤一滴
看清淡事事依然

看一杯茶
敬亲朋孝尊长
体悟中国式生活
感恩赐予
祈福吉祥

茶席是无限精美的可能

精美的可能

茶之美

茶是最美的礼物，茶席是无限精美的可能。

当你用真诚的心来准备神圣、纯净、美好、有品味的礼物时，

茶席可以将你引入美好的境界，

如同优秀的音乐、感人的诗篇、优美的文字一样，

茶席的境界是幸福的。

# 一壶柔软

莫想诸善微，无益而轻视，水滴若积聚，渐次满大器。

——《贤愚经》

　　为存水，为煮茶。随着时间的推移，金银铜铁锡，一件件老器渐渐剥落其表象，流露出本质，超越外在和时间的美，不虚张声势，却历久弥坚。

# 晴窗待茶

　　"初见的默契是缘分，天天见的默契是真爱"，"默契"里，我们找到了茶最好的陪伴。一片柔美而芳香的叶子，了解它的过去，演绎她的现在，憧憬她的未来。充实了茶，也成全了茶器。

　　"藤杖有时缘石磴，风炉随处置茶杯"。盏托使品茗有了承载，托起的是中国人七分茶，三分情的情谊，在举杯托盏的瞬间展现的是中式的优雅。

# 低眉凝望

"一生悬命"，是一句日本短语，意思是将自己的生命全部投注到某一件事情上，从古日语"一所悬命"演化而来。

丝绸如绵长的河流，带我们追溯一棵南方嘉木的前世今生。就这样，在被织锦的美丽迷醉之后，我又被工匠们的匠心所感动。用手触摸着茶席上的锦纹，我感觉自己触摸到的是岁月。

# 一席筑梦

　　茶，源于木；而器，源自于土。木与土同为天地间最基
本的元素，却在水与火的历练下成就了最独特的灵性与雅致。
所谓"大道至简，大美无形"，天地间的万物在转化间创造
着奇迹，成就着无以伦比的美。

　　汉唐煮茶煎茶古典主义，宋元点茶分茶自然主义，明
清泡茶浪漫主义……煮煎为和，点泡为美，精致为雅，布席
为静。

　　白瓷的经典，青瓷的淡雅，彩瓷的丰富，紫砂的质朴，
陶器的归真，竹器的清简，乃至丝绸，乃至素麻，是他们让
一杯茶呈现出更多的可能。

# 精茗蕴香

美之二

众人相聚，

点燃一篆香粉，

在闹市中熏蒸一片宁静和平，

又何尝不是一次愉快的人生体验？

茶装点了香的高妙，

香点缀了茶的柔情。

# 茶香为伴

　　明代徐渤《茗潭》有云："品茶最是清事，若无好香在炉，遂乏一段幽趣；焚香雅有逸韵，若无名茶在碗，终少一翻胜缘。是故茶、香两相为用，缺一不可。"

　　自古以来，中国文人雅士对精神境界的追求离不开茶、香为伴，徐渤的这段论述，大约也是文人墨客们，在焚香礼茶中有感而发，自然而然。

# 知茶性 嗅香魂

《红楼梦》中："这里贾母花厅上摆了十来席酒，每席旁边设一几，几上设炉瓶三事，焚着御赐百合宫香。"炉瓶三事即焚香用具，香炉用以祀神、供佛及薰衣。"拈香"即以手从香盒中拈香粉置入香炉。

焚香文化是一种心灵与精神的美学，是超越世俗的情趣，放弃世俗的标准，与道同行同在，与天地合而为一，摆脱一切精神的捆绑进入自由自在、无拘无束、人性逍遥的世界。

# 人生与沉香

　　用沉香, 应该读懂沉香, 一种懂得保护自己, 创造奇迹,
延续生命的朽木, 看似普通, 却能让人神共享。只有经历了
雪雨风霜, 经历了困苦沧桑, 经历了荣华富贵, 才能沉积下
对人生的感悟, 对更高境的领悟。

　　不是所有的香树都可以结香, 结成好香, 结成奇楠香。
只有经历了伤痛的地方才会结香, 沉香亦如此, 做人要像
沉香一样经历岁月的洗礼, 性温沉稳, 能降亦能升。

# 芳华绝代

## 美之三

不需矫饰，更不要繁杂。

请给我三两素花，配一盏清茶。

饮尽红尘，只待邀陪明月，面对朝霞。

在茶与花的融合中，

体悟草木之间的至清至美。

# 茶在花香中升腾
# 花在茶香中绽放

　　古人喝茶, 要配以焚香、插花、挂画, 而插花的目的, 是为了更好地衬托茶之清美。插花所追求的是将花所持有的生命在瞬息间把握。茶席的花, 只要在茶事进行时的三两小时间, 维持茶人所期待的生命状态即可, 是以像春日盛开的山茶、夏日的莲、秋日的枫、冬日的梅, 都是茶室花品的代表。

　　"依稀残雪浸寒波, 桃李漫山奈俗何。潇洒最宜三二点, 好花清影不须多。"古人饮茶, 常与琴、棋、书、画、诗、香、花为伍, 优雅如此, 从中能窥见那颗无染的茶心。光阴荏苒, 花开四时, 学会苦中作乐, 足驻茗边幽赏。从花草的光影里, 感受春夏的余味; 从积雪闭门的萧瑟中, 遥想桃花梅雨的生动。

# 煮茶论人生
# 插花悟空灵

    茶萃天地之清气，令人于品茗赏花中自得清安宽舒自在。学茶后，渐渐发现季节变化的美好和奥秘。春天，早开的是梅、桃，然后是樱花。当樱花枝头长出新绿芽时，紫藤花开始飘香。四季不断交替更迭，从不留白。

    春暖花开时，荷一把智慧的锄，躬耕一份久藏的心愿。不奢望天长地久，不期待海誓山盟，惟愿今日常浮于心中——有花，有诗，有你，有我。或者只有一朵花，或者只有一个笑容，以一点兰心，吟咏自然的芬芳。

    花味渐浓，茶味渐醇，倾心相遇，安暖相陪。习茶插花，大美之爱！生命中，每一个泡茶、插花的时光，都是限量版。

茶是爱茶人的书

书是读书人的茶

美之四

茶之美

一壶清茶悠然香，

君子爱书亦爱茶。

上午读书下午喝茶，

这才是静雅的日子。

# 诗写梅花月
# 茶煎谷雨春

茶诗是诗人性格的最佳写照。卢仝的飘逸，元稹的巧思，苏轼的赤诚，字字句句流于诗中。似乎唯有具备出世性格，或是对生活品质执着追求的人，才写得出最好的茶诗。

古时，文人雅士契阔谈宴之余，左手煮茶，右手取诗，茶与诗从未分离。从这一片片小小的茶叶中便可吟咏出丰富的情感，体悟出人生之道。于茶诗间，便足以深切感受中国文人的思想，从而更深刻地了解民族性格。

历代咏茶之诗无数，脍炙人口的名篇，爱茶人几乎张口就来：极致如卢仝的《七碗茶诗》，精致如元稹的《一至七字诗》，细致如苏轼的《汲江煎茶》……其实，沉稳持重的杜甫也曾有过一篇小诗："落日平台上，春风啜茗时。石阑斜点笔，桐叶坐题诗。"这些茶诗词表达的是对生活的满足，节制而温柔。有茶，有诗，有自然山水即很满足。

# 茶诗里的文人性格

茶诗里的文人性格，

崔道融耿直：一瓯解除山中醉，便觉身轻欲上天。

苏轼聪慧：戏作小诗君勿笑，从来佳茗似佳人。

杜耒温馨：寒夜客来茶当酒，竹炉汤沸火初红。

唐伯虎豪气：买得青山只种茶，峰前峰后摘春芽。

# 赞墨之情

文房四宝中，墨是孤独的，是笔与纸之间的桥梁。笔染了墨，落到纸上，黑白之间，全是江山与光阴，也是禅机与人世。

《本草纲目》中这样细述墨：墨，乌金，辛、湿、无毒……偶然读到一句诗，用在形容墨似乎神似：能使江月白，又使江水深。香气是茶的灵魂，"闻香"虽好，但三叉神经只传递了初香，只有"品香"才能从心底里传递出本香。墨也是香的，是冷香。不浮、不腻，闻起来如初识一位清冷的书生，但用于书法艺术之中就是人世间的暖意，可亲、可敬。

现在我挺喜欢闻墨香的，跟书法老师学习书法，常痴。不是写的有多好，可能还不会握笔，走笔，就像泡茶，难不成心、手、水、茶、器、艺不能达到完全的默契就不能喝茶了吗？写不了就学，就欣赏，我想这也是一种幸福。

开始习书法后，墨香染进光阴里，每一笔都有交待了。我也听墨，像听知己吟唱，他轻轻唱我轻轻和——"青青好颜色，落落任孤直。"

墨香惊魂。当佛教音乐在房间内缭绕，我想起林怀民的云门舞集，那些身影仿佛一个个墨团，洇染了中国书法中的放纵与端丽。

可是，那身边研磨的人儿呢？若在，就着这些墨画，种几枝清梅，在不长不短的人生里相依，一起案前听墨，听得出惊涛骇浪，亦听得出似水流年。而那墨渐渐老去，成为一块老墨，老成自己的样子，千年过去，风骨犹存，一笔下去，落在泛黄宣纸上，照样惊魂，铿锵有力。

# 琴瑟筝茗

美之五

把音乐沏在茶里，能益茶德，

能发茶性，能起人幽思。

"琴里知闻唯渌水，

茶中故旧是蒙山。

穷通行止常相伴，

谁道吾今无往还。"

琴里知闻唯渌水
茶中故旧是蒙山

　　饮茶时伴以音乐，无疑是一种高雅的精神享受。古人在
论及饮茶之时也认为："茶宜净室，宜古曲。"有人认为："饮
茶到一定程度时，则连天籁也无，只是一片寂然。寂然中自
有生趣，自有禅意，自有百千万种声音，皆能入茶。"

　　白居易在《琴茶》中写道："自抛官后春多梦，不读书来老更闲。琴里知闻唯渌水，茶中故旧是蒙山。"寂寂旷宇，惟系一念。天地入怀，廓然澄明。琴心共鸣，自在和弦，穿透时空的心灵观照，值得聆听。让尘世的喧嚣无迹于尘世，使心绪的杂乱消影于内观。清静，清凉；觉悟，明了；自在，安详。

　　古琴悠悠，幽深静远，禅语心声，千年百年总在流淌，是寻觅？是回归？还是一种淡然的超脱？我不知道，只想在知音天籁中沉醉。或许，喧嚣的心灵也因此有了片刻的宁静。

# 华服如歌

茶之美

青萝抚裙，紫檀沾襟。

摇曳着多姿的光影，华章如歌。

所铭记的，不是纯的风景，

而是站在风景里的人；

所怀念的，不是逝去的时光，

而是住在时光里的爱。

50

# 青萝抚裙 紫檀沾襟

风采灼灼，隐隐笼于袖中。衣袂飘飞起舞，暗处的阴影忽现忽逝，不偏不倚。

着一袭华服，佩戴老银饰，将长长的头发盘出简单发髻，端起一杯温热的茶，做一位如诗如画的佳人，瞬间点亮了整个古宅。我眺望的前方，你的身影会不会突然出现？如此，或雨后清晨；或无风星夜；或洁净的古宅；或天然的山野。日复一日，遇见，相看两不厌。而每一次见你，都是我生命中最美的时刻。

茶之心

一席茶

两三闲暇

四五茶人

品六味

融七情

茶中之事八九

换十分雅

能以一分静

以茶相对

十分静雅

茶中之事八九

融七情

品六味

四五茶人

两三闲暇

一席茶

泡茶

是五百次郑重其事的拿起

才能练就一次从容典雅的

放下

泡茶是一门把握度的艺术

一心

# 泡茶者是
# 给茶第三次生命的人

茶，有三次生命。

第一次生命，
来自于大自然。
从一颗种子，发芽、破土、长成树木，
生出树干、树枝、新叶。
阳光和雨露成就了一片叶子，
这是茶自然文明的初始。

第二次生命，
来自于制茶人。
制茶的技艺在于水与火的平衡，
登峰造极的制茶技艺，
让一片叶子焕发千变万化的香气，
人的双手成就了茶，
这是茶技艺文明的旅途。

第三次生命，
来自于泡茶者。
茶叶是一种未完型的艺术品，
冲泡时水的选择、水温，
投茶的量，冲泡时间的把控等因素
在泡茶人的艺术里，
茶与水融为一体，重获生命，
成就了一段复苏的表演。

# 泡茶是一门把握度的艺术

泡茶是一门把握度的艺术。投茶的量、水的温度、浸润的时间，想呈现完美茶生活，先修炼"度"的艺术。

泡茶如人生，需恰到好处，时间短了，茶没有入味，淡了。时间长了，入味太浓，苦了。

一位优秀的茶艺师是给茶第三次生命的人。儒家的中庸之道讲究的是平衡，泡茶的要领中也涵盖均匀释放和口感的平衡控制，利用水温、时间控制之外，公道杯的集合再平均是一个非常关键的步骤，可以弥补某一泡浓淡的过失。

欣赏茶艺是一种修养，举手投足之间，绽放的是行云流水的美。真正的茶道欣赏，是一种对人生最美好的追求和渴望，懂得欣赏茶的美是身与心的融和。

# 泡茶就是注水与出汤

　　泡茶就是注水与出汤。然而大道至简，不需要任何花哨矫饰，也不需要更多语言注解。一注足够好的茶汤就包含了千言万语，让饮者心中开出幸福的花儿来。泡好一杯纯粹的茶，回归茶汤的香气、滋味和口感。

　　我怀着敬重之心，投茶注水，偌大的房间，只有呼吸声、水鸣声。世事的烦扰远了，心头的浮躁消失了，每个人的眼中，只有眼前的一杯茶。风景如斯，四周静谧，或许这才是世界本来的样子。于是，在一杯甘甜的茶里，观照被蒙蔽已久的心，领会上天赐予的美意。

　　投茶入杯，再注入适温清水，看叶片在杯中旋转，散发出阵阵香气，感受茶的苦涩渐渐淡去，甘甜在喉咙里回转，那醇厚甘甜与丝丝柔和，由口入心，由心入梦，由梦至四季。

# 五百次郑重其事的拿起
# 练就一次从容典雅的放下

　　茶不过两种姿态：浮、沉；茶人不过两种姿势：拿起、放下。浮沉时才能氤氲出茶叶清香；举放间方能凸显出茶人风姿；懂得浮沉与举放的时机，则成就茶艺。

　　习茶的自己，不浮于外物，不沉于心魔；习茶的自己，坦然拿起，执着放下；世间最好的感受，就是发现自己的心在微笑。认真习茶，在茶的世界，寻得走失的初心，遇见最美的自己。

# 茶与水的交融成就一杯好茶

　　一片茶叶，看似细小、纤弱，越品就越觉得微妙。投茶入杯，一旦与水融合，便释放出自身成长的一切讯息，乃至所在山川气脉，悉数珍藏在一片叶子的精华里。

　　生命本是相生的艺术，如同智慧的古人造字。一个"人"字一撇一捺，相互支撑。茶就是那一撇，水就是这一捺，你成就了我，我成就了你。

　　一片茶叶泡在杯里，藏香半解，并不能真正融进水中；慢慢地，水的温度解开了这种藏香，茶叶开始融进水中，暗香袭人；最后当茶叶完全贡献了她的精华，她就真正与水交融。正因这片茶叶奉献出了自己的精髓，她才能够将一杯清水泡成一杯流香四溢的茶，因而才能够实现自己的价值，并在其中读懂了一杯水的深度。

# 泡茶先要好喝 再要好看

　　泡茶先要好喝，再要好看。用从容典雅的动作，科学地、生活地、艺术地展示泡饮过程，香气四溢的茶汤和优雅安静的气氛相得益彰，这是茶的力量，是美的享受。

　　泡茶讲究四心：第一等待沸水的耐心，第二如何泡好茶的细心，第三沏茶时的专心，第四则是品味其中滋味的静心。

　　面对困难，越能坚持，就越能取得思维认知上的突破。茶一遍遍冲泡，经验一次次叠加，最终会由量变达到质变。用真心的柔软去泡茶。泡茶，这个过程对我来说是发现茶的美好，也是让喝茶的人感受到茶的美好。

　　每天的生活就像一杯茶，大部分人的茶叶和茶具都很相近，然而善泡者泡出更清甜的滋味，善品者品出更细腻的消息，你是善茶者吗？

# 心即茶 茶即心

泡茶，我认为要做到不是简单的泡茶形式而是神似。心中有茶，茶人合一。全然感受这一人间仙境所氤氲的姝草。整个泡茶过程力求从视觉、听觉、味觉上去感受一杯茶的力量。

沏一杯茶，展现的是泡茶的心界。不问过去，不看未来。在事茶时保持与自身内在的悉心交流，方可感知茶所想寄予人内心深处的感悟。喝茶喝的是心境，心不静，则茶非茶。

沏一杯茶，沏的是一种心境，感觉身心被净化，滤去浮躁，沉淀下的是深思。茶是一种情调，一种欲语还休的含蓄。放开自己的身心，将内心最深彻的感悟溶于一杯茶。静静的，无关言语，只在与茶的世界，直下一心。沉静于事茶的每一步，将心随着水带入茶中，相互交融，茶延展于水，水诠释着茶。

水为茶之母，懂水性方能泡好茶。水的温度、流速，都能改变一款茶汤的滋味。事茶不纠缠于架势，不绑定于技巧。

无外乎术，道是本，术是表，术源于道。术有技术与艺术之别，技术境界以游刃有余为至，艺术境界以天人合一为上。心即茶，茶即心。

学会品茶自然有品位

连心

在一杯茶中漫步，

在一杯茶中缱宴，

在一杯茶中静心，

在一杯茶中结缘。

# 闻茶香

茶的宁静是般若彼岸，水的静谧是智慧的化境。闻茶香，悟生活真谛，品茶味，得生命空灵。

中国的茶，一直给人非常淡定的感觉，我一直觉得中国人的生活当中，因为有了茶才会丰富多彩。因为茶的颜色有多种，有翠绿、杏黄、杏红、橙黄、中国红、琥珀色、干红等，这些色是原生态的，非常艳丽。同时茶的香气还有豆花香、桂花香、水蜜桃香，自然界的花香几乎都在茶里面出现了，一片平凡的叶子却散发出花与果的香和味。

没有嗅觉，我们无法感知茶的气味；没有味觉，我们无法感知茶的滋味；没有视觉，我们无法感知茶的颜色。茶与感觉器官相互作用的结果，就是我们的感觉材料。我们认识的是感觉材料，其背后才是茶本身。也许我们永远不能认识茶本身。

茶给我们搭起一条直通自然之路，茶香一涌出，山岚、清风、春涧、鸟鸣便源源不断地涌出，它带来更多宁静的时光，带来清澈的欢喜与秘密的诗意。

# 品茶味

茶

当是草木精华累世修炼而成，

天地之清气所养，

山间之灵坡所育，

雨前之甘露所滋。

茶，一饮而知味。有的茶让人一见如故，如遇良友；有的茶让人一见钟情，如遇良人；而有的茶，是与生俱来的缘分，如遇兄弟姐妹。

品茶，是分享；品茶，能够使人内心平和舒缓；品茶，是欢愉和好客，是孜孜不倦地追求品位。品茶是静思默想：幽静独处，香茶一杯，细细品茗，时光静止，心灵超凡脱尘。

品茶，不一定要有价值昂贵的茶，不一定要用珍贵的器具，也不一定要到一个特殊的环境，但一定要一份心境，一份能与茶相契合的心境。

品茶，从品心开始。眼观茶器之净心，舌尝茶汤之真心，鼻嗅茶香之逸心。人生有动有静，品茶亦如此。

学会品茶，其实是学会一种生活。时光的雕琢会让容颜慢慢褪去青春的底色，三杯茶的时光让人明心见性，遇见不一样的自己。学会品茶，抵得过任何化妆品，抵得过岁月的侵袭，抵得过时光的流逝。

有时候，我们看到的只是一缕香、一个影子，而思念里，却是一盏茶、一段故事。秋风渐寒，秋意渐浓，送你一杯茶的温暖，喝它个思绪澄澈，喝它个洒脱满足。来，且饮茶。

# 悟茶韵

　　茶，有韵则生，无韵则死；有韵则雅，无韵则俗；有韵则响，无韵则沉；有韵则远，无韵则局。

　　武夷岩茶之"岩韵"；安溪铁观音之"音韵"；普洱茶之"陈韵"，潮州凤凰水仙之"山韵"，台湾冻顶乌龙之"喉韵"，岭头单丛之"蜜韵"，黄山毛峰之"冷韵"，西湖龙井之"雅韵"……茶韵似禅味，只可意会不可言传，一壶茶，或许就是一段有韵味的故事。

　　茶，这片神奇的树叶，其实是天地与人的共鸣，自然的孕育造就了它丰富的内涵，人的态度却决定了它脱离枝头之后的苦涩甘甜。所有的不解，在茶中醒悟。所有的风情，在茶中静雅。

　　茶，需感知无形的一面。她流经身体，就像时间穿越，没有向度。她离心灵更近，在身体中启悟与感知。茶在身体与生命的交织点上，使思考澄明而入绵密的空寂。没有了与心绪对应的实物，没有了与精神所对应的物质，无法完成自然的转换，形成托物寄情的过程。精神在现实中就没有了依托，也就无法存在下去。

茶好，

好在有不嚣张生事，不惹人讨厌，

平平和和，清清淡淡的风格。

好在有温厚宜人，随遇而安，

怡情悦性，而又矜持自爱的品德，

这份中国式的儒雅，

正是茶的灵魂。

# 秋思 将饮茶

　　是那一抹微凉，在心头荡起了涟漪。不得不驻足，去捕捉日渐清凉的三季之秋。

　　春风容物，秋水绝尘。秋天，是绝去尘埃，敛起凡俗，只体会万事万物的澄澈。低头看手中的这杯茶，连它也莫名有了静意。饮下，让一抹微凉泛起无边暖意。

　　所谓岁月静好，无外乎在季节的变换中，能以一双安静的眼睛，笑纳每一季的风景；能在风起的日子，听落叶走走停停的脚步声；能于忙碌中得半日闲暇，静坐饮茶，任第一缕秋风从窗边掠过。

　　这世间，唯有一种香，能让一整座城市迷醉，是的，它就是桂花香。在墨绿而肥厚的叶片中，那簇拥着的细碎的花蕊像是一个隐士，无声无息，不事张扬。然而，它又是浓烈的，似乎，是用一年的隐忍，来成就秋日的绽放，它又不求结果，开放过，绚烂过，从此就没了踪迹。

　　手中的那杯茶，它同样是这个性子。见识过山水，经历过雨露，火中重生，水中苏醒。是苏醒，也是释放，将所有的心事让水来解读，这心事不管你听不听得懂，它讲完，生命就到了尽头。

　　在桂花香弥漫的城里，听一杯茶的心事，对一花一叶，不由万分疼惜。而此时此刻，茶知我，我知味，味知秋已至。

为什么要登高？因为山在那里；为什么要远行？因为茶在那里。

当枝头的叶子被阳光染成云霞，就是启程的日子，远行，登高，寻茶。一片山崖，一缕炊烟，几点云影，一道河湾。一架石桥，一支长篙，一丛翠竹，满耳松涛。

红叶纷纷，晴空高远，飘过一袭流动的雁阵。再过不远处，就是白云深处的人家。再走上几步路，就可以轻叩门扉，讨一碗茶。

不必去区分春水秋香，也不必去计较醇厚或是鲜爽。那一碗粗茶，慰藉了一路的山高水长。在轻寒浮起的日暮时分，炉火燃烧了寂寥，我言秋日胜春朝。

遇见过很多的人，喝过很多的茶。如果一切都平淡如水，故事总会随时光了无痕迹。如果水不够热烈，便不足以激发茶的香郁。必须沸腾，必须交融，必须照见。才能看清彼此的容颜，在生命中刻下一滴浓情。

一把干枯的叶子，在冉冉水汽下载浮载沉，最终聚拢。于是，我懂了，"你最苦的一滴泪，将是我最甘美的一口茶"。在所有的爱里面，总能看到那两个字——成全。

你说，你要启程，趁着秋日的温暖，去看世界的辽阔，去触摸高原的繁星，去呼吸草木深处的清冷。

而我，要留在这里，任一个季节戛然而止，一个季节悄然来临。尽管马路上依然车水马龙，在我的一杯茶里，却有着澄澈与安宁。

世界那么大，你讲述着沿途的故事，那陌生的山川河流间，同样有日升日落，一饭一蔬，以及灿若夏花的微笑，毫不设防的拥抱。

手中的茶杯很小，却能承担起滚烫的热烈，支撑起一下午愉快的交谈，传递出我对你深深的挂念。它在我的手里，又在天地之间。

你说，无论身在何方，长途漫漫，你最想念的都是我泡给你的茶。我说，无论你走多远，我都在这里等你，我用整个四季，等你归来，将饮茶。

茶若人生　拿得起 放得下

同 心

# 有茶有饭才叫生活

山下种稻，
山上栽茶，
以农耕文明为特征的传统中国，
有茶有饭，才叫生活。

    生活中我们总是在做加法，而茶会自然地在我们身体里面做减法，不仅是身体，更是心灵。其实茶本一味，至善至简。

    清醒时做事，糊涂时读书，独处时思考，心静时泡茶。

    饮茶，就是这样一种接纳与包容性极强的生活方式，每一个人都可以在茶里安住、遇见、表达、转化和收获。选择任何一种生活方式，都有得有失。不用羡慕什么，也不用抱怨什么。你所能做的，只是保持身体和内心的平衡。

# 茶是心灵的映照

茶是心灵的映照，不为风雅，只为清心。当人生如茶，煎熬也将变成一种成就。一片叶子，任它让茶人朴拙，茶事庄严，茶器浸润，爱上茶之真滋味。

茶若人生，一颗茶心经过时间的冲泡、翻滚、沸腾，如茶般沉时坦然，浮时淡然。浮沉时才能氤氲出茶叶清香，举放间方能凸显出茶人风姿。懂得浮沉与举放的时机则成就遇事坦然与淡然的心境，也能成就人本身。拿起，是一种态度；放下，是一种修为。拿得起，放得下。待这茶尽具净之后，自有人会记得你是如何的真香满溢。

每一个爱茶之人与茶都有不解的缘分。喝茶，有的人更了解茶；有的人更了解自己；有的人更了解处世哲学；有的人更了解如何更好地活在当下。茶本身没有做什么，只是帮助我们安静下来，定住，生慧，继而获得喜悦。

一杯茶中，无是非之人，无是非之事。净土不远，自在心田。

# 修一个静雅的女子

美丽的女人心里永远春花盛开，把心开成一朵芬芳美丽的花时不仅惠人而且惠己，给人关爱的同时也会温暖自己，爱出者爱返，福往者福来。做一个美丽而又简单善良的女人，用自己的真诚与爱，让平凡的岁月充满温馨，真正的唯美，在茶里，在心里。

相传古代女子的休闲生活：一月踏雪烹茶，二月赏灯猜谜，三月闲厅对弈，四月曲池荡千，五月韵华满园，六月池亭赏鱼，七月荷塘采莲，八月桐荫乞巧，九月琼台赏月，十月深秋赏菊，十一月文阁刺绣，十二月围炉博古。看到这些，有没有想穿越回去呢？

女子，大美为心静，中美为修寂，小美为貌体。在浮华喧嚣里，留一处心灵净土，淡淡地来，淡淡地去，给人以宁静，予己以清幽；静静地来，静静地去，给人以宽松，予己以从容。心素如莲，人淡如菊，不悲不喜，优雅自在。携一杯如水的柔情，端坐红尘深处，与岁月相约终老。

茶对女人来说是一辈子的美丽。一生爱茶的女人，身上永远洋溢着茶的清爽、淡雅与幽香。茶赋予了她高贵的气质，赐予了她善良的品德，以一颗宽容和平常的心去善待自己，笑对人生。茶人之美，由心而生，生而不息。

我不愿做金玉其外，败絮其中之人。我只愿做一个安静的女子，于浮华的世界里守住内心的一份清纯和宁静，耳闻暮鼓晨钟，低眉行走于红尘，撑一支文字的长蒿，向书的海洋深处漫溯……沁润茶香，穿越春夏秋冬。

如果可以，我愿拖一袭裙摆，怀一抹婉约的情思，一路手握茶盏，携卷书香在红尘里悠悠而行。从此，我愿织字为裳，焚香煮茶，在茶香中归隐，在墨香中舞蹈，在人生的笺纸上用静雅的舞姿完成我生命的美丽篇章。

茶之道
茶知道
守一抔净土
盈一眸恬淡
因为懂得
所以慈悲

愿每个人
在纷呈世相中不会迷失荒径
可以端坐磐石上
陶醉茶香中

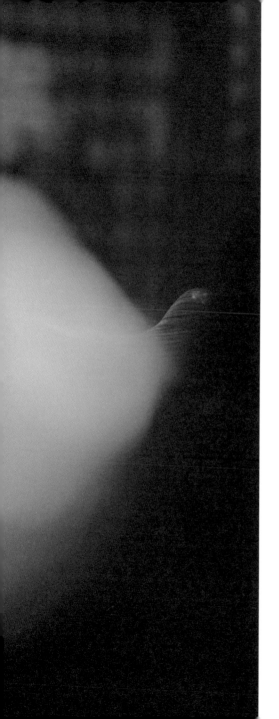

# 茶是佛法的甘露

## 道之一

茶是佛法的甘露。

禅和茶似乎有着某种天生的关联，

人从品茶开始悟道，

佛因为禅修而品茶。

茶

香叶，嫩芽

慕诗客，爱僧家

碾雕白玉，罗织红纱

铫煎黄蕊色，碗转曲尘花

夜后邀陪明月，晨前命对朝霞

洗尽古今人不倦，将至醉后岂堪夸

——唐·元稹《一至七字诗·茶》

茶的本源是一片叶子，充满着鲜活的气息。这片鲜活的叶子被放在热锅上炒，目的只有一个，保存住这份鲜活，不让它腐烂掉。而人在这个世界上何尝不是被"贪、嗔、痴、慢、疑"这五欲煎炒，哪个大彻大悟的人没有经历过种种磨难呢？人生修行成果，就像叶子被翻炒了无数次后，终于成了茶。

一位僧人这样说："喝茶就如同打坐，品茶就仿佛在悟道。"这是否就是我们常说的"禅茶一味，佛茶一礼"呢？尽管每个人的感受不一样，每个人的表达也不一样，但是，几乎所有的人都被这几片小小的叶子给征服了。

唐代诗人元稹《一字至七字诗·茶》中，"茶"深受"诗客"和"僧家"的爱慕。

一首诗的开阖，感渊源因果；一炷香的光阴，闻人间烟火；一朵花的枯荣，看诗情画意；一盏茶的功夫，品和美雅静。茶与禅相伴久持、横亘古今的风雅于世间。

古今茶之道

道之二

茶道就是，

饮茶之道，

饮茶修道。

# 饮茶之道 饮茶修道

"茶道"一词，最早出现在中国。唐朝《封氏闻见记》中就有这样的记载："茶道大行，王公朝士无不饮者"。这是现存文献中对茶道的最早记载。然在唐代诗僧皎然写的《饮茶歌诮崔石使君》里，"孰知茶道全尔真，唯有丹丘得如此"。也明确出现过"茶道"一词，提出以茶参禅悟道，将饮茶作为一种修身养性之道。

20世纪初日本旅英美学者冈仓天心在《茶之书》中写道："茶道是一种对残缺的崇拜，是我们都明白在不完美的生命中，为了成就某种可能的完美，所进行的温柔试探。"

已故浙江大学茶学教授庄晚芳先生认为："茶道是一种通过饮茶的方式，对人民进行礼法教育，道德修养的仪式。"

茶道就是，饮茶之道，饮茶修道。

# 放不下茶的心
## 打不开茶道的门

　　放不下茶的心，打不开茶道的门。放下到不能再放下，即为得；简化到不能再简化，就是道。世人皆知浓的好，鲜知清之妙。茶可清心，能清自己心可得小成就，能清众人心方成大圆满。就这点说，茶似佛，渡众人。

　　空，是人生的最高境界。只有空的杯子才可以装水，空的房子才可以住人。每一个容器的利用价值在于它的空。空是一种度量和胸怀，空是有的可能和前提，空是有的最初因缘。佛经里有"一空万有"和"真空妙有"的禅理。人生如茶，空杯以对，才有喝不完的好茶，才有装不完的欢喜和感动。

# 茶道是向自然致敬
# 茶心与人性的连接

　　茶道是什么? 这条道路是让人们在这上面进行对自我人生的实践, 灵魂的提升。这一碗茶中我们探索的是如何将心安放, 如何连接大自然, 如何寻找茶心, 如何安顿自我的灵魂, 而不仅仅是为了饮用的一个过程。

　　如果说茶道就是饮茶之道, 饮茶修道。那么你我都在这道路之上, 至于路的尽头在哪里, 是看我们在这路上修行有多久。

　　日本茶圣千利休眼中的最美之茶, 是樱花树下的一碗茶汤, 我感受到了向自然致敬, 茶心和人性的连接。探访茶心之旅, 对我来说也是返故习茶这么多年为何依然坚持, 返故中国茶文化如何流传开去, 走向世界。其实万变不离其宗, 还是那个 "道" —— 向自然致敬, 茶心与人性的连接。

灵枣神往 道现其中

心静茶至 茶至灵枣

道 之 三

茶之道

# 茶如镜 明如心

一杯茶，佛门看到的是禅，道家看到的是气，儒家看到的是礼，商家看到的是利。泡茶，茶汤入口，茶是什么状况，你就是什么状况。

在茶中内观自己，内心越纯净就能感知到茶带给你什么，感知到茶带给你的也是你内心原本想达到的。

一杯茶，以艺载道，茶艺是为了泡壶好茶，茶道是为了做个好人。不去喝永远品不出好茶，不去做永远成不了好人。天天喝茶可以改善自己的健康，日行一善可以改变自己的世界。

# 品悟茶之道

茶之喝，

科学饮茶，饮对饮好，以茶养身。

茶之品，

感受自然，静心慢品，以茶养心。

茶之悟，

氤氲莽草，感悟天地，以茶养灵。

中国茶学之道

道 之 四

茶 之 道

# 和 万物的共鸣

　　心平气和喝一杯茶，与世界温柔相处。

　　中国人吃茶所追求的境界是心平气和。

　　把一切平凡的事做好即不平凡，把一切简朴的事做对即不简单，比如泡茶这件事。

　　一杯茶，匆匆忙忙地喝掉，往往发现不了她的味道；如果能静下来慢慢品尝，即能感受她的香醇，生活也如此，如果不静心品味就发现不了它的好，也发现不了它的美。人总是被太多太多的事情束缚，静静地泡一杯茶，使自己获得短暂的释放，从忙碌的生活中解脱出来，哪怕只有一瞬间这杯茶也是值得的。

　　最美的人生，不是长辈控制的样子，不是社会规定的样子，是勇敢地为自己站出来，温柔地面对这个世界，把世界变成我们的。

# 美 一叶成芳华

茶之美，源于内心的喜爱。

美是什么? 美是源于内心的一种对具象的真正喜欢和热爱。

欣赏茶之美是一种独到的眼光，欣赏是一种本色，它不需要任何形式的包装；学会欣赏茶，你就得到了自然的滋养；学会品味茶，你的茶杯将清香四溢。

# 雅 如水般从容

优雅如茶，一种穿透岁月的美丽。

优雅要气质，要资历，要岁月沉淀，要那份从容和云淡风轻。知世故而不世故，才是最善良的成熟。

宁静，是装不出来的优雅。优雅，是心底的宁静开出了美丽的花。集优雅、智慧、魅力于一身，做宁静、自在、通透、幸福的人。

# 静 神定心自安

欲达茶道通玄境，除却静字无妙法。

所谓茶道，就是当你端起茶杯时，世界便安静下来了。这时的茶，没了产地、品牌、包装和等级。这时的人，忘了位子、票子、车子和房子。你会微笑面对所有人，你会亲吻拥抱爱人和大地。你会感觉，你已然消失，你就是天地，天地就是你。

静，是一种生活态度，不争，不躁，不妄动，身可以劳累，心要淡定、宁静。茶，是一种习惯，不闻，不问，不争论，只要有片刻的宁静给我思考。

静，流淌出智慧，智慧丰盈着生活。静，让人看清世界，看清自己，看清未来的路。

时光静好，则人生静美。静，踏实而安稳。世界从来宁静，浮躁的是人心。人浮躁在人的世界里，花宁静在大地的怀里。若不是欲火熊熊燃烧，人生亦如花宁静而淡雅。谁的时光，掌握在谁的手里，心若不动，世界无恙，人生静好。

　　书中一些优美的语言、经典的句子或摘录于典籍，或来自名言，我在这里一并致谢，本书若能为传播中国茶文化，传递中国式生活贡献力量，将是我日后提笔习作的不竭动力。感谢大家对中国茶文化的支持，我将不忘初心继续传播茶的美好。

茶仙子

2017 年 7 月

图书在版编目（CIP）数据

茶仙子.品茶语/鲍丽丽著. -- 上海：上海书画
出版社,2017.8
（茶仙子系列丛书）
ISBN 978-7-5479-1601-8

Ⅰ.①茶… Ⅱ.①鲍… Ⅲ.①茶文化—中国—通俗读
物 Ⅳ.① TS971.21-49
中国版本图书馆 CIP 数据核字 (2017) 第 171376 号

## 茶仙子｜品茶语

鲍丽丽　著

| | |
|---|---|
| 责任编辑 | 云　晖　春　秀 |
| 技术编辑 | 顾　杰 |

| | |
|---|---|
| 出版发行 | 上海世纪出版集团 |
| | 上海书画出版社 |
| 地　　址 | 上海市延安西路 593 号　200050 |
| 网　　址 | www.ewen.co |
| | shshuhua.com |
| E-mail | shcpph@163.com |
| 印　　刷 | 上海丽佳制版印刷有限公司 |
| 经　　销 | 各地新华书店 |
| 开　　本 | 889×1194　1/24 |
| 印　　张 | 5.833 |
| 版　　次 | 2017 年 08 月第 1 版　2017 年 08 月第 1 次印刷 |
| 书　　号 | **ISBN 978-7-5479-1601-8** |
| 定　　价 | **58.00 元** |

若有印刷、装订质量问题，请与承印厂联系